LOCUS

LOCUS

LOCUS

LOCUS

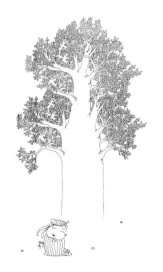

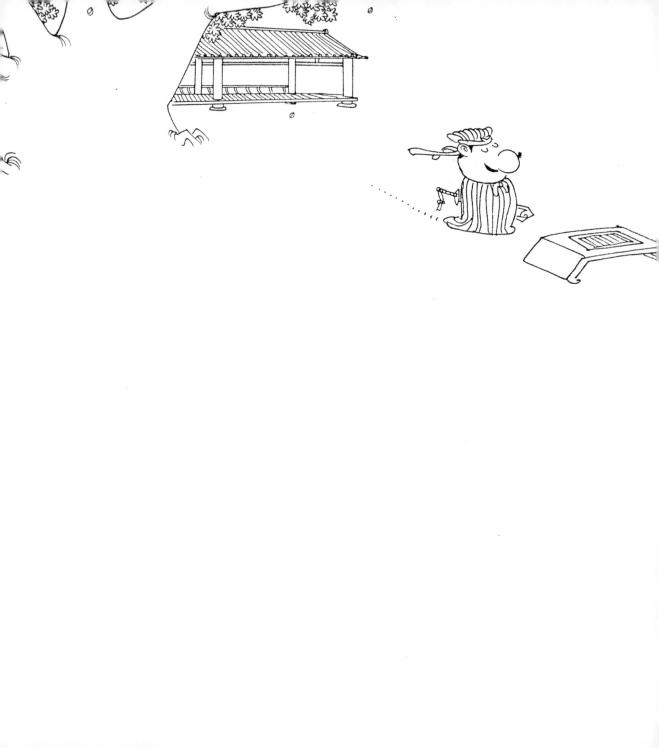

iO: 超分工整合

一個版本 0.5 的測試

施振榮 著

蔡志忠 繪

總序

《領導者的眼界》系列，共十二本書。
針對知識經濟所形成的全球化時代，十二個課題而寫。
其中累積了宏碁集團上兆台幣的營運流程，以及孫子兵法的智慧。
十二本書可以分開來單獨閱讀，也可以合起來成一體系。

施振榮

　　這個系列叫做《領導者的眼界》，共十二本
書，主要是談一個企業的領導者，或者有心要成為
企業領導者的人，在知識經濟所形成的全球化時
代，應該如何思維和行動的十二個主題。

　　這十二個主題，是公元二○○○年我在母校交
通大學EMBA十二堂課的授課架構改編而成，它彙
集了我和宏碁集團二十四年來在全球市場的經營心
得和策略運用的精華，富藏無數成功經驗和失敗教
訓，書中每一句話所表達的思維和資訊，都是真槍
實彈，繳足了學費之後的心血結晶，可說是累積了

台幣上兆元的寶貴營運經驗，以及花費上百億元，
經歷多次失敗教訓的學習成果。

　　除了我在十二堂EMBA課程所整理的宏碁集團
的經驗之外，《領導者的眼界》十二本書裡，還有
另外一個珍貴的元素：孫子兵法。

　　我第一次讀孫子兵法在二十多年前，什麼機緣
已經不記得了；後來有機會又偶爾瀏覽。說起來，
我不算一個處處都以孫子兵法為師的人，但是回想
起來，我的行事和管理風格和孫子兵法還是有一些
相通之處。

　　其中最主要的，就是我做事情的時候，都是從
比較長期的思考點、比較間接的思考點來出發。一
般人可能沒這個耐心。他們碰到問題，容易從立
即、直接的反應來思考。立即、直接的反應，是人
人都會的，長期、間接的反應，才是與眾不同之
處，可以看出別人看不到的機會與問題。

和我共同創作《領導者的眼界》十二本書的人，是蔡志忠先生。蔡先生負責孫子兵法的詮釋。過去他所創作的漫畫版本孫子兵法，我個人就曾拜讀，受益良多。能和他共同創作《領導者的眼界》，覺得十分新鮮。

　　我認為知識和經驗是十分寶貴的。前人走過的錯誤，可以不必再犯；前人成功的案例，則可做為參考。年輕朋友如能耐心細讀，一方面可以掌握宏碁集團過去累積台幣上兆元的寶貴營運經驗，一方面可以體會流傳二千多年的孫子兵法的精華，如此做為個人生涯成長和事業發展的借鏡，相信必能受益無窮。

目錄

前言

- 網路，是有效的組織，
  但如何管理網路，沒有一套理論。
- iO聯網組織的理論，還是0.5版。
- 聯網組織反映的是民主與法治，因此和人類未來的發展也有關。

Internet 這個東西台灣稱為「網際網路」，從字義上不太容易搞清楚它的功能；大陸則叫做「互聯網」，好像比較貼切了。本書我們談的題目是 Internet Organization，它的中文名字，我花了一點功夫去想，因為，我發覺 Internet Organization 這樣一個組織的特色是「聯網」，所以，我就把它正名為「聯網組織」。

網路，本來就是一種最有效的組織；但是，如何管理網路，一、二十年來學術界始終提不出一套管理的理論。我是透過 Internet 的現象，提出利用協定來管理網路的想法，這就是「聯網組織」；換句話說，聯網組織是一種網路組織：當我們用一些

協定來有效地管理一些網路，把它們連起來，就是聯網組織。在我提出聯網組織之前，西方一些偏向個人服務的顧問公司有類似的組織存在；當然，從個人型態的聯網來看，社會本身就是一個聯網組織。

基本上，到目前為止，「聯網組織」這個想法當然還不是很成熟，因為裏面有很多屬於管理上所謂的「協定」（Protocol），可能還要花很多時間，再進一步的建立。如果我們可以把組織當成電腦來思考，就可以有一個更清楚、明確的輪廓：電腦要能夠做事情以前，必須先要有一個「作業系統」（Operating System）來啟動它，讓整個系統在共同的協定下，執行各自的工作；接著，需要有「應用軟體」（Application Software）來指揮電腦做特定的工作。

如果從電腦運作這樣一個觀念來講，今天，Acer Group（宏碁集團）已經是採用這個觀念在執行整個集團組織的運作了；不過，它是差不多等於作業系統的階段，我把它稱為「聯網組織協

定」（Internet Organization Protocol；iOP）。目前這個版本應該是 Version 0.5，還不到 1.0 來正式發表（Release）；所以，大家在這裡所看到的聯網組織的概念是 Beta Site 的測試版。說是 0.5 版，是因為有兩個不足：第一，.com 的版本不夠，第二，尚有未及規劃的地方。但是，經營就是跟時間賽跑，為了爭取時間和大家溝通，所以我就先推出來測試；還不成熟就拿出來，一方面是這個概念和我過去的想法一致，二方面我相信可以看得更遠。

聯網組織最重要的目的就是有效地利用人力資源，因此，分散式管理是聯網組織的先決條件；就像社會應該藏富於民，組織也應該如此，分散式管理的精神就是願意授權下去。然而，在實際的組織運作中，分散式是不好管，因此又發展出聯網組織這個工具，比較有管好的機會。聯絡組織的精神反映的是民主與法治：各自為主就是民主，協定就是法治。因此，我也認為聯網組織也和人類未來的發展有關。

新世紀，e世紀

- ● e經濟：知識經濟
- ● 超分工整合的世紀
- ● 聯網組織：e經濟有效的資源管理

　　為什麼我會用「聯網」來思考整個組織的型態？主要是因為外在的客觀環境已經變了。也就是說，目前我們所面對的新世紀，是一個數位經濟的世紀，也是一個知識型的經濟；同時，它不只是分工整合，而是走入超分工整合，這個在前面的章節中，已經有詳細的說明了，在此不在贅述。現在，我們一定要思考，到底要如何面對這個e經濟的時代？在這裡，我提出「聯網組織」的架構，希望可以藉此有效地管理有限的資源。

　　實質上，當我們在談資源的時候，很自然地就會想到像土地、自然環境、水、礦等等有形的資源；然而，由於文明的進步，在人類大量地掠奪之

下，這些天然的資源，都面臨逐漸枯竭的命運。相反地，我們發現有兩種資源，是越來越多的：一個是「運算能力」（Computing Power），隨著電腦功能的進步，它的運算速度一直在增加。另外一個是「腦力」（Brain Power），人的數量雖然因為人口計劃的緣故，沒有快速地增加；但是，在教育的普及與知識的大量傳播下，人的才能（Talent），也就是他的腦力，是快速增加的，和三十年前、五十年前比起來，早已不可同日而語，是完全不一樣的局面。

過去很多傳統的管理理念，都是奠基於傳統經濟、舊經濟的思考模式，容易陷於天然資源有限、人才有限、通信也不是那麼普及的思維邏輯；但是，現在因為運算能力的加強、人才的普及，使得整個思考模式也是要隨之調整。

知識經濟

- 腦力是主要的資產
- 經驗不必然是有價值的資產
- 無形的價值提高
- 創新及創造帶來價值
- 利潤呈指數成長

從傳統經濟轉向知識型經濟的時候，經濟的重心將從勞力轉向腦力，從有形資產轉向無形資產，從製造導向轉向服務導向，從硬體掛帥轉向軟體掛帥，從 Do Things Right 的效率轉向Do Right Things 的領導；但是，我們如果從知識經濟的角度來看，當然人才還是最重要的一個資產。

此外，因為整個經濟模式在改變，過去成功的經驗，雖然有很多還是繼續有用的，但是，也有一些已經改變了，未來不見得有用。所以，如果把過去的經驗，當成有價值的資產（Asset）來思考的話，在未來可能常常會得到相反的結果；因為，過去的經驗，有時候反而可能會變成包袱

（Burden）。

　　在新經濟體系中，很多產品都是很多無形的，而企業主要是透過創新來創造各種不同的價值；相形之下，無形的東西，也就越來越重要了。所以，我們只要是做對的東西，那個知識是對的，它如果能被廣泛地傳佈，實際上，越普及它所產生的利潤是越大的。

　　這個也就是為什麼，網際網路概念股公司的股價，是以我們所不能理解的那種倍數在成長。主要的理由就是：知識經濟的特質跟傳統的經濟理論不太一樣。由創新所創造的價值，其利潤可能是呈指數的成長；如果經營模式走對的話，其成長的爆發力相對於傳統的產業，幾乎是無限的。

超分工整合世紀

- 垂直與水平分工
- 專精的管理是關鍵
- 在選定的區隔市場中變大，否則就放棄回家
- 無限的機會
- 開放標準的協定是基礎
- 易於為顧客不同的需求而整合

在知識經濟體系裡面的超分工整合世紀中，不論是水平或垂直，都有分工整合；當然，專精的管理，是企業成敗非常重要的關鍵。此外，企業在選定的區隔領域裏面，如果無法做到最好、最大，就應該結束回家；只要先做到最好，在那個鎖定的領域裡自然會最大。但是，即使是放棄回家，也不要因而灰心喪志，因為實在有太多的機會；這局輸掉沒有關係，我們還有無限的機會，還有太多的區隔市場（Segment），可以再去開創，

以取得領先的地位。

在超分工整合的過程裡面，一個標準的開放協定（Open Protocol）或者規格，將成為知識經濟體系裡面很重要的基礎；主要是因為客戶的需求不斷地在變，所以，透過這個開放的標準，我們比較容易因應顧客不同的需要，而整合出符合市場需求的各種新產品。

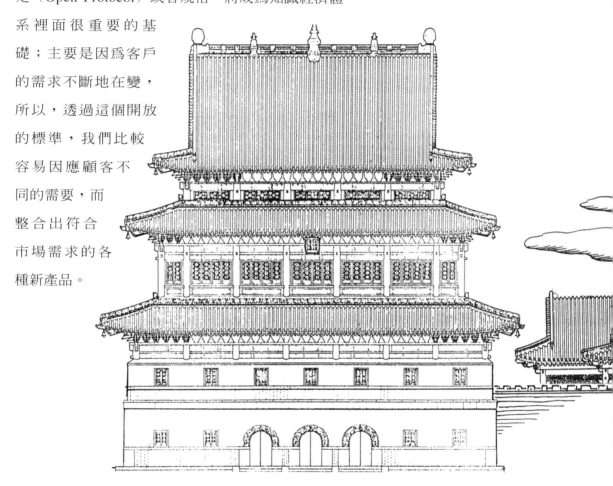

社會與產業的演進

- 社會與經濟的演進
  工業時代 → 資訊時代 → 知識時代
- 產業趨勢
  垂直整合 → 分工整合 → 超分工整合

綜觀整個人類社會和產業的演進來看，很清楚地，過去已經從工業時代（Industrialization）發展到資訊時代（Information），而在邁入二十一世紀的今天，知識經濟的時代（Knowledge-based）已經來臨。如果我們從過去產業的發展趨勢來看，則是從垂直整合（Vertical Integration）到分工整合（Dis-integration），一直演進到了今天超分工整合（Super Dis-integration）的模式。分工整合是垂直分工、水平整合；超分工整合，則是垂直分工，水平也要分工。而有關內容（Content）產業，則是超分工整合的最佳例子。

運算能力與腦力

- 技術：主機 → 個人電腦 → 網際網路
- 應用：少數人 → 較多人 → 無處不在
- 教育、民主、資訊／通訊的普及
- 各地人才快速成長

隨著垂直整合再分工整合再超分工整合的發展，組織的管理方式也有所演化；當我們在看組織的階段演化，則不妨先對照電腦的階段演化。在這裡我們就把運算能力（Computing Power）與腦力（Brain Power）做一個簡單的比較：

從電腦的發展來看，有幾個階段：最早是大型主機（Mainframe），再來是迷你電腦所形成的 Distribution Processing，再來是主從架構，再來是現在的網際網路（Internet）。主從架構是網路的一種雛型，但是有主從之分；到了網際網路，則打破主從之分，可大可小，彈性大，並且可以有協定。

網路沒有主從之分，每個人都是「主」（ｓｅｒｖｅｒ），每個人也都是「從」（Client）；運算能力也因此不斷地增加，人才與腦力也隨之而不斷地增加與提昇。

電腦的運用也從早期極少數的專業人士，慢慢地普及到比較多的人可以使用，到現在的幾乎無處不在；實際上，在網際網路的世界裡，有所謂的「網路電腦」（Network Computer；NC）、「掌上型行動電腦」或各種不同的電腦，到處都是，在我們的生活中，幾乎無所不在。

此外，透過教育的普及、民主的政治，再加上資訊與通訊的普及、發展，使人才快速的發展，而且變成每一個地方都有優秀的人才，為知識經濟的時代，奠定了良好的基礎。

表一　組織的演進

經濟	產業	組織
工業	垂直整合	層級式
資訊	分工整合	扁平式／授權
知識	超分工整合	網路式

　　在產業型態的改變下，組織當然也會隨之而演進。一般而言，隨著運算能力的提昇、人才的普及，我們可以把組織分成兩個型態：一個就是所謂層級（Hierarchy）的組織，另外一個就是網路（Network）的組織。對層級的組織而言，當組織越來越大時，就愈容易產生上面不了解下面的脫節情形，公司決策必須花很長的時間，還有營運成本（Overhead）太高等很多的弊病。

　　為了改善傳統層級組織所產生的問題，因此就演變出所謂扁平化，或者充分授權的方式，希望可藉此來解決層級組織所面臨的困難。實質上，網路

組織的概念，提出也有一段時間了；但是，怎麼樣才是有效的一個網路組織？目前尚未有定論，這是值得我們去深入探討的。

知識經濟的特質

- 任務多元
- 市場多變
- 時間壓縮
- 無形的價值
- 新的高附加價值生意出現，持續挑戰傳統的管理模式

在一個知識型的經濟裏面，我們發現它有一些特色：首先，它的任務不斷地在變，而且是多元化的；其次，它的市場也在變。由於今天必須面臨這麼多元、多變的市場或任務，所以，事情當然變得很多了：早期，在農業時代，每天有多少事情？除了讀書就是工作，沒有那麼多的任務。現在，在新經濟的時代，所要處理的事情是既多元又多變，同時時間也壓縮地很厲害；所以，它的多元、多變，是再乘上時間的因素，實際上工作量是很大的。

另外一個就是無形的價值：以前整個人的活動、經濟的活動，除了讀書是屬於比較無形的以外，其他則都是屬於有形的經濟活動；現在，無形

的價值在知識經濟的時代，變成是很重要的要素。在這種情形之下，不斷地出現很多新的、高附加價值的生意機會；同時，經營管理的方法，也在不斷地挑戰傳統的管理模式。

表二　層級組織的管理

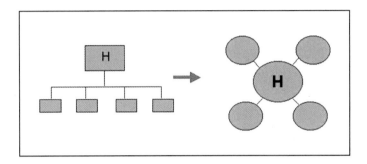

這裏稍微把組織做簡單的說明：左邊那一個圖表是大家經常在畫的組織表，看起來很簡單；當然，越多層，就越複雜。不過，爲了要和網路的組織做比較，我特別把它畫成圓圈圈；所以，看起來右邊好像是網路型的組織圖，其實它是一個層級的組織。

表三　大型的層級組織圖

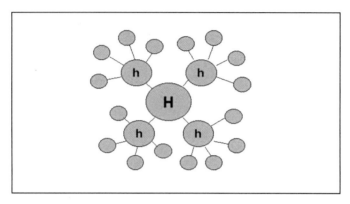

　　當組織的層級變多了，多了一層，就會變成像上面的大型的層級組織圖：由大的總部（Headquarter）生出一個一個小的總部（h），下面再有一層，就是一個一個公司。就這樣一層一層下去，所以，它本身是可以往後衍生很多很多層的。

　　譬如，軍隊、政府的組織都屬於多層級，企業的生產單位一般也是有很多層的。對於任務簡單、同樣的東西要大量生產的組織，用這種層級的架構，是可以接受的；但是，對於變化、多元的產業，這種層級的組織模式，就無法有效地因應市場的需求。

表四　網路組織（network）

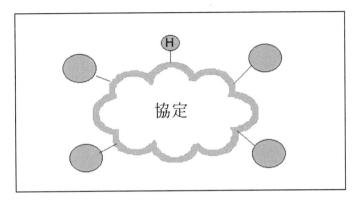

　　網路本身其實是透過所謂的「組織協定」（Organization Protocol；OP）來運作的，這種組織協定是一種協定的模式：它看起來像是一個集團，或是一個網路；但是，對組織的運作而言，它是一個虛擬（Virtual）的東西，是做為所有相關單位，相互之間的協定或溝通的方法。

　　反過來說，這個協定可能是透過一個虛擬的總部（H）來執行的。也就是說，在比較新型的組織裡面，實質上，總部都是比較小的；所以，我把那個圓圈圈畫的很小。以目前的發展來講，通常在比較大的組織裡面，總部幾乎都會變成是一個無效的

組織。

　　其實，不管是面對怎麼樣的任務，現在的組織，總部一定要小；然而，因為人性的問題，往往沒有辦法控制，總部就常常會越長越大。實際上，真正的作業，是由四邊的那些獨立的單位來運作，其中的每個單位都是各自獨立；所以，總部只需負責虛擬的協調，編制其實是不用太大。

表五　大型的網路組織：聯網的模式

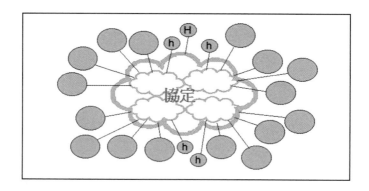

　　即使是像宏碁集團裏面還有一些次集團這樣複雜的組織，實際上，網路還是一個虛擬的：可能在大的集團中有大的、虛擬的總部（H），來做控制；

小的次集團，也許也有一個小的、虛擬的總部（h），來做掌控。不過，因為它們是在同一個集團裡面，所以，有很多的功能幾乎是不重覆的；因此，虛擬總部的工作是相當有限的，以小 h 而言，它的工作只是在做工作適當地確認而已。

因為每一個網路外面都有幾個不同的單位，所以，為了他們所劃定事業的特質，虛擬總部可能還要再加一些特別的協定；於是，這些小網路就會自行形成一個比較大的組織，最後，則會成為網和網相聯的「聯網組織」。

表六　層級 vs. 聯網（I）

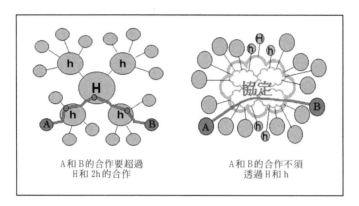

A和B的合作要超過
H和2h的合作

A和B的合作不須
透過H和h

　　上面這兩個組織圖，看起來好像都很複雜，到底它們的不同是在哪裏呢？我想就用幾件事情來做說明：第一個，如果我們把上面這兩個圖當作是一個組織或一個集團來看的話，左邊是一個傳統層級組織的集團，右邊則是一個聯網組織的集團。

　　當集團內部的 A 公司跟 B 公司，有業務要合作的時候，左邊傳統層級組織的集團，一定要有總部或總部的總部參與，就是要建構批准（Approve）的程序；這個還不是最大的困難，最大的問題是，總部可能無法眞正了解這個事情的需要！其實，在整個業務的過程中，眞正對事情了解、專業的是 A

或者 B；而當公文往上呈到 H 的時候，可能也不是
H 的老闆在做決策！因為，老闆的事情實在是太
多，下面又那麼多事情，都要往上呈；所以，H 下
面可能還有一些與該業務無關緊要、而且不一定真
有附加價值的幕僚，專門替老闆做篩選（Review）
的工作。結果，在這種傳統的組織架構下，真正參
與決策的人，可能都不是第一線的專業經理人或是
做決策的老闆；這個就是傳統組織的運作模式，我
們在現實生活中，大概要面對很多類似這樣的問
題。

　　但是，如果以宏碁的組織架構來講，就像右邊
這種網路組織的架構：A 和 B 是直接的溝通，也各
自負責；但是，他們在做事情的過程中，一定要遵
循整個集團裏面的一些協定。這個協定包含品牌的

使用範圍、企業文
化、IT（資訊

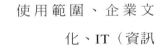

技術）的基礎架構（Infrastructure）或者工商倫理等等，都是一些比較無形的東西。其他的事情，為什麼總部要參與呢？沒有必要！因為 A 是獨立的個體，B 也是獨立的個體，我們儘量讓他們像人一樣，是有人權的，也應該為自己的決定來負責；所以，他們自然地就直接連起來了。

這只是舉一個例子，只有 A 和 B 參與的情形；如果牽涉到更多單位合作的話，傳統層級的組織就會變得很複雜。何況我們剛才講的，在知識性的經濟裏面，有多變、多元，而且時間很短等特色；天天都有各種不同的事情要處理，不像傳統生產線中只做同一件事情。所以，在知識經濟的時代裡面，左邊這種傳統層級的組織，絕對會反應不過來；要應付這種知識經濟的特色，右邊的聯網組織，應該是比較有效的。

表七　層級 vs. 聯網（II）

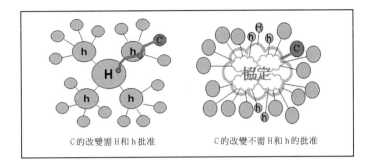

| C的改變需 H 和 h 批准 | C的改變不需 H 和 h 的批准 |

　　假設現在因為市場的需要，一個組織，比如 C 公司，必須要做一些改變或人事的調整，在左邊這種傳統層級的組織，要怎麼改變？從人事的角度來看，先要經過上面的主管部門批准；然後，等公文到總部以後，還要再去簽核一下。所以，一個組織要做任何的改變，程序上，總部是要參與的。

　　但是，在右邊的聯網組織裏面，C 公司是可以自己就做決定的。理由很簡單：因為我們把每一個公司都當成是一個獨立的個體，所以，完全是由自己的 CEO（執行長）來做決策，最多是由董事會來背書；董事會如果做不好，股東有意見的話，最後，當然是交由股東大會來決議。也就是說，每一

個公司，他是獨立在總部之外，母公司不能完全控制；這種組織的運作模式，其實是違反現在一般組織的想法。

宏碁集團的做法就是在每一家公司的股權結構中，儘量讓母公司的股權不超過 51%，這是和一般組織的想法有很大的不同；一般企業的想法是有了 51% 的股權，就能夠控制該公司的營運。在聯網組織裡面，對子公司的掌控，不是靠股權的比例，而是靠彼此共同的利益，以及組織的協定；依據我們的經驗，這種做法反而比較容易達到控制的目的。

宏碁在聯網組織上如此身體力行的理由有三：

第一，如果母公司擁有的股權超過百分之五十，那麼下面的公司就不獨立、自主了，這不合我們的基本經營理念。我希望用共同的利益和組織的協定，而不是用股權來監督這些公司；所以，如果負責的員工不在乎，我更不在乎。

第二，華人原本就像一盤散沙，要控制團體本來就很難；何況台灣的本地市場小，要成長，不能光靠本地市場大（做到最大也不過這麼大），而要

靠市場多，機會多。但是光靠中央，哪有這麼多機
會？所以最好大家分頭去找。這和美國不同：美國
的市場非常大，所以，只要我找到對的方法，你跟
著我走就沒錯，因此，我起碼要百分之五十一。美
國強調的是：我找了機會，大家一起來分享。我們
則是強調大家要一起找機會，既然要大家一起找機
會，就不應該控制人家。

　　第三，人類為什麼會延續？是因為人類到了二
十歲以後，就是在結婚以後，就要獨立；獨立才能
生存，這是自然的法則。企業的壽命，比人類的壽
命還短，企業要如何永生？我這套方法應該可以。

　　一百年後，Acer 還可以存在，當然，那個
Acer 已經和現在的
Acer 不一樣
了；
不過，
這也是自
然的法則。

聯網組織的特質

- 每個單位都是獨立的、專精的
- 總部不會控制每個事業單位大部分的作業活動
- 連結許多有效管理的小網路的網路

在所謂聯網組織裡面，每一個單位都是獨立的，而且在各自的業務範圍裏面，他也是專精的，總部不一定會控制每個事業單位所有的業務。以宏碁來說，很多人就搞不清楚，常常來找我，要我幫忙；但是，大家知道我大權旁落，要採購找我一定無效，要介紹人進入宏碁集團，找我也是無效。實質上，今天這個聯網組織不是我發明的一個理論，而是在宏碁集團已經行之多年，一直這樣在運作的模式。

在宏碁集團內部，總部根本沒有什麼權力；但是，每一個組織都對自己負責，其中很重要的概念就是聯網。聯網就是說，當組織越來越大，單位也

就越來越多了；不管是公司或者能夠獨立的事業部，都越來越多了，這時候要怎麼樣有效地管理呢？不管你是透過扁平（Flat）或者是透過授權（Empowerment）的方式，實質上都比不過網路。

當每一個網路變成要同時面對為數眾多的網路的時候，就需要有一些協定來溝通。因為要管理一個小的網，是比較容易的；所以，為了讓每一個網路比較好控制、好管理，我們可以把一些業務相近的單位集合起來，變成一個小的網，再把很多小的網，組成一個大的網，連起來，就形成「聯網組織」了。

為什麼網際網路會在過去十幾年才出現？本來通信就是網路，早就有了，為什麼會變成網際網路這個觀念？其中的癥結就是每一個網路本身的資源都是有限的。比如說，我在這裏建立一個網，我當然會有效地把我這個網路管好，把它的功能、服務做好；但是，如果說我今天要建設「花」

這個網，而且全世界都我來負責，我怎麼做？我一定是在每一個地方、每一個專業的需求，都各自建立自己的網；然後我們透過一個有效的網路協定，能夠網網相聯，整個把它們整合在一起，而形成網際網路。

我一直在想，從「主從架構」接著走入網際網路的架構，到底它的要點在哪裏？除了所謂「網際網路組織協定」（Internet Organization Protocol；iOP）以外，我就發現 Inter 是最關鍵的；就是多了一個「聯」，把網聯起來，在裏面就產生了它的意義。主要的原因是，在真實的世界中，要把全世界的網聯起來，是不可能的，除非是每一個地方都有建全的網；所以，我想聯網就是能夠有效地連結許多獨立、專精管理的小網路，在網網相連所自然形成的網路的概念。

聯網組織的優點

- 可有效處理多元、專精的平衡
- 速度、彈性、夢幻團隊，可再造性高
- 沒有總部的固定成本
- 符合人性的自然法則

在知識產業裏面，如果你不專精，一定會被淘汰；但是，如果只專精在某個區隔領域中，因為市場在變、機會在變，如果你不找方法適當的多元，也是會被淘汰的。而且，因為專精了，就沒有辦法什麼都具備；所以，一定要有所謂「虛擬夢幻團隊」（Virtual Dream Team）的這種合作模式。即使是合作，也要講求速度：因為每天都會有合作的需求，都要和人家一起合夥；所以，一定要透過一些標準的協定，形成共識，讓大家很快地就湊能在一起。

比如說，打籃球，除了自己每天練習以外，大家知道打球也一定要有一些協定、默契，協定有時候是講默契。經過訓練以後，不管是誰上場，或是

發生什麼狀況；由於大家有一個默契，就容易變成一個團隊。所以，面對多元又要專精的平衡的問題，我想聯網組織可以有效地來面對它。

　　知識經濟裏面非常講求速度，不管是做決策的速度、合作的速度、要變化的速度，我想聯網的組織是可以有效地處理速度的問題。此外，聯網組織本質上就是比較彈性的，講求的就是適可而止的觀念：組織只要到達一個適當的規模，應該就不會再擴大；當開始要多元的時候，聯網組織就會把多元的那一部分，又變成一個獨立的網站。所以，在聯網組織裡面，個別網路的規模通常也比較小。

　　比如說，你的網站什麼都有，但是都不專精，其實在未來的發展中，是有很大的危機；相對的，如果說我的網站是非常專精的，在某個區隔市場中，是全世界知名的，你要做這件事情找我的網站就對了，這樣的發展應該是比較正確的。所以，由於要不斷地面對這個變化、多元的挑戰，我們就必須不斷地要成立各種不同的夢幻團隊，然後，組織要不斷地再造的時候，聯網組織也是比較有效的。

實際上，在一些傳統的組織裡面，總部的固定成本（Overhead），有時候是相當可怕的。我記得在1996年左右，讀過一本書，其中就談到SONY（日商新力）的固定成本：在某一些年代，SONY 總部的人數急速地擴充，競爭力也就越來越低，後來，他才調回來，將總部的人數降低，以提高整個集團的競爭力。

　　因為總部往往高高在上，他要增加固定成本，通常都無法有效地控制；所以，總部的固定成本，實際上確實是很可怕的。

宏碁集團也有相關的案例：1990 年，整個集團的營業額約十億美金，總部有三百多個人；現在，營業額是當時的十倍，總部則變成只有當時三分之一的人力，約一百個人左右。所以，聯網組織是可以適度地控制總部的固定成本。

當然，在聯網組織裡面，還有一個最重要的東西，就是符合人性的自然法則：其實，聯網的組織就是一個最自然的組織，因為，社會組織本身，就是像聯網的組織。在英文裡有 Entity（個體）及 Individual Entity（個人）的觀念，兩個是不一樣的；但是，在中文裡就稱為法人、自然人，兩個都是人，都有人格權。所以，為什麼不能讓法人的組織，就像自然人的組織一樣呢？

在我們的法人組織中，就硬生生地打破了自然人可以生生不息的概念！當然，實際上，縱然古代有皇帝曾經要追求萬萬歲，長生不老，也從來沒有成功過；但是，從整個人類的觀點來看，是一直生生不息地延續下來。法人就像自然人一樣，希望在

法人的架構中，就像皇帝要求萬萬歲一樣；但是，法人沒有辦法萬萬歲，法人不可能萬萬歲，一定會變掉。但是，法人的精神、法人的傳統，是可以透過聯網組織，生生不息，一代傳一代。

從另外一個角度來看，一個法人要萬萬歲幹什麼？他成立的目標是什麼？原來主導的人是誰？時過境遷了，怎麼可能在原來的模式再走下去？我們是不是常常在追求一些沒有意義而且辦不到的事情？所以，聯網組織是比較符合自然法則，而且可以永續地發展。只是這裡永續的定義和傳統的不太一樣：不是同一個目標、同一個個體一直連續下去；而是它的生命透過傳承的方法，以及配合時代的變遷，不斷地賦予新的生命、新的使命，然後一個接一個，一直生生不息地延續下去。

聯網組織的挑戰

- 界定清楚正確的協定（共同品牌、文化與資訊系統基礎建設）
- 電腦永遠遵循協定，但人不是
- 處理的任務較電腦更複雜、模糊
- 協定委員會的有效性
- 沒有人能控制網際網路，但有些人卻喜歡控制聯網組織
- 你別無選擇，只能採用一種組織模式或混合的模式，來處理這些困難。

聯網組織當然會面對很大的挑戰：首先，它必須先界定清楚到底什麼是一個合適的、有效的協定？其實，在現實生活中，我們很明顯地可以發現，實際上有很多的協定，就像打球的默契，都是無形的（Intangible），是無法言喻，筆墨難以形容。

以聯網組織的協定來說，工商倫理、企業文化、資訊系統架構、資訊與知識的分享、虛擬團隊的快聚快散，以及最重要的品牌分享，都包括在內；協定的最上層要和社會的法律接軌，譬如公司法等等，然後，協定的本身就相當於這個企業集團

的家規。

這些協定，有的是為了利用有形的資源，例如「資訊系統基礎建設」（IT Infrastructure）。因為，在未來知識性的經濟裏面，透過聯網組織的模式，要有效地運作的話，當然要有一個網際網路的平台，也就是資訊系統基礎建設，一定要建立起來，才能夠有效地溝通。更多的是為了無形資源的分享和使用，譬如企業文化和品牌。

以品牌（Brand）為例：品牌本來就是空的，當在這個組織裏面的每一個人，要借重共同品牌，好做事情的時候；同時他又要必須把事情做好，以貢獻好的形象給這個品牌，這也是協定。比如說，這個公司的形象就是很透明化、講究誠信原則、保護小股東的權利，假設這是它的文化（Culture）或者工商倫理，同時也反應到品牌形象上；這些事情自然就會變成集團成員的一種默契，變成這個組織的文化。實質上，在具有同樣文化的基礎上，當大家要一起組成團隊的時候，當然比較好做事。

純從科技的角度，網際網路的威力相當強大，

可以處理很多事情。因為，電腦是「靜態」的，所以，當網際網的協定一定義出來，大家都不能不照這個協定來進行；也就是說，電腦是百分之百遵循協定的規範，在運作的。相對的，人就沒有辦法遵循這個規範；再好的人，也沒有辦法完全遵循。打橋牌時，大家都有很多的默契；但是，真正比賽時，總是偶而會有人不照這個默契來的。其實，他本身是很希望有紀律（Discipline），也不是有意要不遵重協定，但就是會產生這種脫序的問題。

　　整個企業營運的任務，當然比電腦要處理的事情，

複雜很多；不只是複雜，實際上有時候是模糊（Unclear）的。大家可能也有類似的經驗：當電腦要處理 MIS 的事情，只要是碰到人要處理的事情，常常都不得要領；這些都不是電腦的問題，根本是連組織需要靠電腦去協助、處理的問題，都規劃不出來，也說不清楚。當不清楚的時候，怎麼樣有效地運作？

另外一個問題是：總是要有人來規範這個協定！因為網際網路參與的人實在是太多了，所以網際網路的協定是由一個委員會（Committee）所制定的。因為協定是大家要共同來執行的，所以，組織也需要一些有代表性的人，來形成一個委員會；大家共同來訂這個協定，而不僅是由某一個人就可以自己訂的。網際網路也是一樣，要大家遵循這個協定，一定是由大家支持的一個委員會，來擬定這些協定。

以宏碁的例子來說，參予這個委員會的人都是執行的人、次集團的負責人，以及總部的一些代表。次集團的負責人參予，有兩個好處：第一，他

們了解自己的集團；第二，他們可以回去影響他們的集團。

　　集團和次集團之間，也可以形成一些大網和小網：大網規劃一些比較高階（high level）的、大原則的協定，小網則可以規劃一些執行上的協定；也就是說，先有一個主協定，再由大而小，對集團裡的企業也可以由大而小地適用。我常說，現在宏碁電腦所碰到的問題，明碁在五年、十年後也會碰到；所以，我是提前幫他們在做這些事情。

　　聯網組織還有一個特色，也是最難的擺平的：網際網路的特色就是沒有人在控制，所以，網際網路才會這樣地蓬勃發展起來。但是，在人的組織裡面，我可以說是儘量、幾乎不要控制，才勉強可以做這件事情；我相信很多人總是手癢，很難不去控制，因為緊張啊，害怕會失控啊。今天，網際網路的亂象是不是存在？當網際網路亂象出現的時候，就有兩派的爭論：德國說要控制，美國說不要控制，要讓它自由發展。網際網路如此，組織也是這樣，一定會有亂象；只是當亂象出現的時候，要怎麼辦？是要去控制、介入它？還是讓它再繼續自由

地發展？

　　當你要面對一個任務或事業的時候，必須要把很多人或很多的資源組織起來，自然就是要有一種組織來管理；不管它是層級的架構、網路的架構、主從架構、或者聯網架構，甚至是混合的組織架構。比如說，如果從公司對公司的角度來看，宏碁集團是一個聯網組織；但是，在同一個公司裏面，雖然是採用扁平及授權的架構，組織本身還是層級的。甚至於，不同的部門也會有不同的架構：生產單位是比較多層的，業務單位的層數是比較少的；所以，組織本身爲了不同的任務，它會有綜合的模式。

這裡，我提出這個新的概念，可能是迎接知識經濟的一個有效的模式；或者面對網際網路的時代，會是比較有效的一個模式。為什麼我特別熱衷於聯網的概念？因為，我在台灣，我會用這種聯網組織，來經營宏碁集團，本身就有台灣的特質在裏面；所以，如果有機會，大家將來一起來研究，並發展出一種世界上最深入、最領先的新的組織模式，可能我們就可以以小博大。

台灣的聯網組織

- 寧為雞首的文化
- 本地市場小，需要多元化
- 有效管理多元專精的挑戰
- 建立大規模集團，與國際強大對手競爭
- 容易與全球分工整合需求連結

　　「寧為雞首」是我們特有的文化。我們想要做好一件事情，除了專精以外，還要多元化，要多做一點事情；否則，市場太小，規模不夠大，就沒有競爭力。美國因為市場大，只要專注於某一區隔市場，像網際網路或者其他事業，就可以做到世界性的規模；但是，台灣沒有這個條件，因此，一定要多元化經營。而面對多元的變化，如果沒有專精，多元就會變成無效；所以，如何平衡多元和專精呢？聯網組織應該可以幫上忙。

　　現在，我們的組織，因為又要追求寧為雞首的文化，相對的，對大組織系統的運作，我們是比較

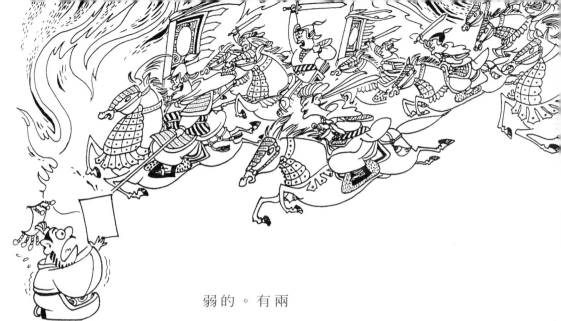

　　　　　　　　弱 的 。 有 兩
　　個現成的範例可以參考：日
本人講求團隊精神，所以比較大的組織，還是可以
有效地運作。雖然面對知識性經濟的時候，是不是
很有用，是另外一回事情；不過，它是比較容易
有系統地來組織一個人數多的組織。美國的系
統是：他們不論是做一件事情，還是演一場大
戲，都可以把系統弄的很好；他們在處理規模
比較大的組織的經驗，是比我們強很
多。這兩個特質，都是我們要打大規
模的戰爭所需要的。
　　因此，台灣如果用聯網組織這種

模式，能夠組成一個比較大規模的集團，甚至未來在網際網路裏面，有很多的異業結合，一個集團和另一個集團也可以聯結；大家有效地變成一個更大的集團，在國際上一起和別人競爭，這可能是一個新的模式。當然，雖然集團歸集團，不過，集團裏

面的每一個公司，都是一個獨立的個體，他自己是可以做主的；所以，面對全世界分工整合的需求，到底是自己一個人出去？還是成群結隊出去？還是整個集團跟人家合作？彈性是很大的。所以，聯網組織這種模式，是可以面對未來數位經濟中，全球分工整合的特別需要。

總結

- 聯網組織適用於知識、分工整合的經濟
- 聯網組織是一種有效的獨特模式，能夠幫助台灣企業增進國際競爭力
- 民主與法治是有效發展聯網組織的基石
- 聯網組織中的每一家公司就像每個網站一樣，
  都是獨立的，並且專精於其最佳的貢獻
- 為了共同利益，聯網組織協定是管理聯網組織的根基
- 領導者必須有分權的管理理念

　　聯網組織應該符合知識經濟、分工整合、以及超分工整合經濟的需要。我希望能夠說服大家：聯網組織是一種非常獨特，而且有效的模式；希望能夠幫助台灣的企業，來加強他的國際競爭力。

　　反過來講，1995 年左右，在還沒有發生經濟危機的時候，我們有很多人說我們要跟韓國人競爭；每天都向政府建議：台灣的環境能不能像韓國一樣，以培養大企業的模式，來帶動整體的產業？其實，那些都是舊的模式。實質上，我們的民族性是「寧為雞首」，即使是政府的政策推動，也完全辦不

到像日本、韓國的模式；所以，我們要自求多福，想出一套辦法來在國際上跟人家競爭。我覺得聯網組織這個方式，有機會讓我們在國際上，可以有效地和別人來競爭的。

當然，聯網組織要有效，就像社會要有活力，又要不斷地繁榮進步一樣，一定是民主與法制同時在一起的；實際上，聯網組織就是一個民主和法制平衡的機制。民主就是每一個公司都有自己的人權，法制就是大家共同遵守「聯網組織協定」（Internet Organization Protocol；iOP）的觀念。大家一定相信：一個社會一定是在民主、法制兼顧下，才比較能夠有效地發展；所以，一個組織要有效發展，恐怕也是要走聯網組織，才會比較有效。

如果我們還是在講整體的話，必須要知道，只有在個體能夠有效地發揮下，整體才會更好。其實，每一個公司，就像一個網站，是各自獨立的；而且，他是對自己的事業做最大的貢獻。因為大家各自為政，可以很快速地反應市場的變化及需求，而且有共同遵守的協

定，彼此容易培養很好的默契；所以，整體很快地就可以發展地很好。

在聯網組織裏面，如何建立一個符合所有成員的共同利益，是非常必要的；也唯有這樣的協定，才能夠有效地管理聯網組織。當然，整個要做組織的再造，CEO 的腦袋一定要認同分權的管理理念，不只是相信，還要享受大權旁落；也就是，領導者相信分權是能夠做更多事情的。因為，他在上面做一個協定，不斷地規劃未來的願景與策略；然後，不斷地訓練下面的人，可以獨立作主的運作。

比如說，一個家族要興旺的話，就是家長能夠讓小孩子完全獨立：教他，但是儘量讓他完全獨立、發展。這樣一來，這個家族不但能夠有效地發展，而且才有機會生生不息；否則，可能會造成過去「富不過三代」的結果。傳統的層級組織，很容易會有這種情形發生；如果是新的一個聯網組織，應該富可以永遠地傳下去。

孫子兵法
九地篇

孫子曰：

地形者，兵之助。故用兵：有散地，有輕地，有爭地，有交地，有衢地，有重地，有覆地，有圍地，有死地。諸侯戰其地者，為散。入人之地而不深者，為輕。我得則利，彼得亦利者，為爭。我可以往，彼可以來者，為交。諸侯之地三屬，先至而得天下之眾者，為衢。入人之地深，背城邑多者，為重。行山林、險阻、沮澤，凡難行之道者，為覆。所由入者隘，所從歸者迂，彼寡可以擊吾眾者，為圍。疾則存，不疾則亡者，為死。是故，散地則無戰，輕地則無止，爭地則無攻，交地則無絕，衢地則合交，重地則掠，覆地則行，圍地則謀，死地則戰。

所謂古善戰者，能使敵人前後不相及，眾寡不相待，貴賤不相救，上下不相收；卒離而不集，兵合而不齊。合乎利而用，不合而止。敢問：敵

衆以整，將來，待之若何？曰：先奪其所愛，則聽矣。兵之情主速，乘人之不給，由不虞之道，攻其所不戒也。

凡為客之道：深入則專，主人不克；掠於饒野，三軍足食。謹養而勿勞，并氣積力，運兵計謀，為不可測。投之無所往，死且不北，死焉不得，士人盡力。兵士甚陷則不懼，無所往則固；深入則拘，無所往則鬥。是故，其兵不修而戒，不求而得，不約而親，不令而信；禁祥去疑，至死無所之。

吾士無餘財，非惡貨也；無餘死，非惡壽也。令發之日，士坐者涕沾襟，臥者涕交頤。投之無所往者，諸、劌之勇也。故善用軍者，譬如率然。率然者，常山之蛇也。擊其首則尾至，擊其尾則首至，擊其中身則首尾俱至。敢問：賊可使若衛然乎？曰：可。夫越人與吳人相惡也，當其同舟而濟也，相救若左右手。是故，覆馬埋輪，未足恃也；齊勇若一，整之道也；剛柔皆得，地之理也。故善用兵者，攜手若使一人，不得已也。

將軍之事，靜以幽，正以治。能愚士卒之耳目，使無知；易其事，革其謀，使民無識；易其居，迂其途，使民不得慮。帥與之登高，去其梯；帥與之深入諸侯之地，發其機。若驅群羊，驅而往，驅而來，莫知所之。聚三軍之眾，投之於險，此謂將軍之事也。九地之變，屈伸之利，人情之理，不可不察。

凡為客：深則專，淺則散。去國越境而師者，絕地也。四徹者，衢地也。入深者，重地也；入淺者，輕地也。背固前隘者，圍地也；背固前敵者，死地也。無所往者，窮地也。是故，散地，吾將一其志。輕地，吾將使之僂。爭地，吾將使不留。交地，吾將固其結。衢地，吾將謹其恃。重地，吾將趨其後。覆地，吾將進其途。圍地，吾將塞其闕。死地，吾將示之以不活。

故諸侯之情，殆則禦，不得已則鬥，過則從。是故，不知諸侯之謀者，不能預交；不知山林、險阻、沮澤之形者，不能行軍；不用鄉導者，不能得地利。四五者，一不知，非王霸之兵也。彼王霸之兵：伐大國，則其眾不得聚；威加於敵，則其交不得合。是故，不養天下之交，不事天下之權；伸己之私，威加於敵：故國可拔也，城可隳也。

無法之賞，無政之令。犯三軍之眾，若使一人：犯之以事，勿告以言；犯之以害，勿告以利。投之亡地然後存，陷之死地然後生。夫眾陷於害，然後能為敗為勝。故為兵之事，在順詳敵之意，并力一向，千里殺將，此謂巧事。是故，政舉之日，無通其使；勵於廊上，以誅其事。敵人開闔，必亟入之，先其所愛，微與之期，踐墨隨敵，以決戰事。是故，始如處女，敵人開戶；後如脫兔，敵不及拒。

＊本書孫子兵法採用朔雪寒校勘版本

善用兵，譬如率然，率然者，常山之蛇也。擊其首則尾至，擊其尾則首至，擊其中則首尾俱至。

一個企業須要有各方面不同才能的人才合作，才能將一個行動執行完成，如何將這些不同功能的人運轉得如同一個頭尾相連，相互呼應的常山之蛇，有兩個重點：

第一，共同的願景，目標，利益。要和大家有切身的關係。

第二，實際要配合的話，要有機制。譬如聯網組織。

不同的是：一條蛇只有一個生命體。宏碁則是多個單獨生命體。甚至一個公司也可變成多個。所以我們的設計，是在一些公司幾經努力仍然事不可為的時候，已準備好壯士斷腕，可以不救。

不用鄉導者，不能得地利。

在台灣，我們不斷發現各種人才。在海外則比較少。伯樂就是要識馬，沒有在當地經營的經驗，就沒有這個眼力。亞洲還算是比較多，另外一些地區根本沒有伯樂。

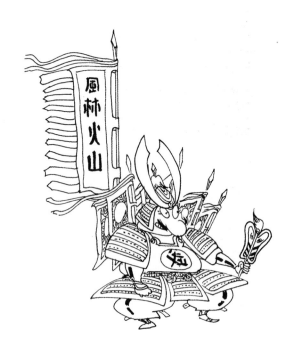

善於用兵者，指揮大軍，就像指揮一個人一樣容易。

沒有後路了……

拼了。

因為他把士兵放在不得已的境地，使他們非戰不可。

良好的將領統帥百萬大軍，能使萬眾齊勇一心，生死與共互相救援。因為他先將軍隊置於「死地」，士卒後無退路，不戰則亡，所以非力拼不可。

夫越人與吳人相惡也，當其同舟而濟也，相救若左右手。

　　企業如何形成獨特的企業文化，將千萬員工的心整合為相同目標理想的萬眾一心，是很難的事。

　　人越多，願景越模糊，共同利益就越不清楚。宏碁就是為了解決這個問題，所以要變成小組織。小組織比較好溝通，容易有共同的願景，共同的利益。在聯網組織下，會有各種不同層次的互動，大事就大家一起同舟共濟，小事則各自解決。不能企求人人都同舟共濟，除非是生命交關。

但若他們同乘一船而遇風浪時，也能如左右手一般互相救援。

例如吳人和越人交惡……

所以把馬匹縛在一起，把車輪埋起來，強行使動作一致，是靠不住的。

要使士卒勇敢齊一，有賴指揮得法，使強者與弱者各盡其力，

而且還要明瞭地理形勢並加以利用。

是故，始如處女，敵人開戶；後如脫兔，敵不及拒。

　　一個企業經營者應該善用這種靜若處女，動若脫兔的自持之道。

　　自己沒有Ready,市場沒有Ready，就要靜。否則，亂動一來暴露方向，二來消耗體力。

地形者，兵之助。故用兵：有散地，有輕地，有爭地，有交地，有衢地，有重地，有覆地，有圍地，有死地。

在自己國家境內開戰，與敵人開戰，是散地。進入他人國境交戰，但尚未深入的，是輕地。我方得到有利，對方得到也有利的，是爭地。我方可以去，對方也可以來的，是交地。鄰接三國，先到就可以得到各方擁護的，是衢地。我方軍隊深入敵境，背後有很多敵城的，是重地。行山林、險阻、沮澤，凡是難以行軍的，是覆地。進去的路窄，回來的路要繞個大圈，因此敵方可以寡擊眾的，是圍地。行動快速就會存活，不快就會遭到敗亡的，是死地。

因此，散地不可輕易出戰，輕地不要停頓，爭地不必強攻，交地不能斷了退路，衢地要廣交各國，重地就掠奪敵人的糧食，覆地得加快行軍速度，圍地要仔細盤算，死地則速戰速決。

從爭取市場的角度，當然也有各種地形可以引述。

不過今天就一個企業的領導者而言，要時刻掛在心上的地形，有兩個。一個是全球的（Global），一個是當地的（Local）。技術要全球化，服務要當地化。這一點還是可以回到我提的微笑曲線來看。主機板、微處理器、液晶顯示器等關鍵性零組件的技術，就要掌握全球市場；品牌及行銷管道這些服務，就要掌握當地市場。

問題與討論
Q&A

Q1 在聯網組織的各種協定中，可否再說明一下品牌分享的重要？

A 品牌分享是聯網組織的協定中，非常重要的一個環節；如果我們跳脫單獨企業的角度，來看比較大的例子，譬如 MIT（Made in Taiwan）這個品牌，就更能體會它的重要性。

其實，品牌之形成，涉及「鼓勵創新」及「追求品質」這兩件事情。想想看，如果台灣的企業都有共同的協定：在鼓勵創新這一點上，大家在創新不足的時候，都不要過度招搖；在追求品質這一點上，品質不好的產品就不要出口；你看，MIT的品牌形象會不會更好？這就是協定的力量。

Q2 聯網組織最關鍵的應該是公司的高階主管，如果這些主管表面上遵循協定，但實際的作為卻違背，應該要如何制衡？

這裡面主要是有兩個層次的問題：首先是文化層次的問題。以宏碁為例，因為宏碁的企業文化，早就由小而大慢慢地形成；當然組織沒有百分之百的，我都是把握大方向，所以，企業的文化就往這方面一直地塑造。我想，宏碁的企業文化有一個特色：任何一個主管違反或者不配合企業文化的方向的時候，會有兩個結果：一個是我們公司的同仁會給這些主管很大的壓力，不只是從上面的主管；當然，上面的主管知道了，如果他還沒有改善的話，在適當的時間，就可以做人事上的調整。實質上，自然有一個無形的壓力，讓這些主管無法違反這個默契太多。

不過，所謂默契不是死的，是有一個範圍、一個大方向，不是說只有這樣才是對的；就像我過去不斷地在談，企業文化有一些原則是不變的，但是，詮釋的方法是可以不斷調整的。原則是屬於價值觀的，所以不變。詮釋方法則是屬於領導人的。不同領導人有不同的領導風格，應該讓他去詮釋。有風格才會有歸屬感。所以，不能說你不喜歡的人，就隨便講說他不遵循協定，這在組織裡面是沒有辦法被接受的；也就是說，所謂的默契，不能以個人的好惡做為基準的，一定要透過大家充分地溝通後，所產生的一個共識。

因為，我們的協定有一些是比較明確的部分，如果主管有違反這些

比較明確的部分，比如說，品牌的識別系統的應用，有一定的規範，如果有人違反的話，我們是正式地從有關的單位，可能是總部有人在負責「全員品牌管理」（Total Brand Management），他們會直接通知當事人做糾正。也就是說，當有一件事情已經危害別人的時候，我們就像對待病毒一樣，要即時解毒；同時，根據那個病毒的情況，再開發出更好的防毒技術。同樣的情形，協定也是在面對了很多的問題以後，我們不斷透過委員會（Committee）來開發一些新的、比較有效的協定。

但是，這裏面有一個很重要的關鍵：協定的制定，是以興利還是防弊為出發點？我認為網際網路協定還是以興利重於防弊；這就像是我們沒有辦法阻擋網際網路上的色情資訊，但是相對於網際網路所帶動的正面進步，我們不可能因為有色情網站，就全然放棄網際網路。反過來說，當我們要想辦法來解決色情網站問題的時候，因為有人性的因素在裏面，可能禁也禁不了；所以，至少大家要有一個共識，想辦法將它做某種程度的限制，讓它不至於過於氾濫。

Q3 所謂的聯網組織協定，是靠默契，但是集團成員大幅增加之後，要如何培養默契，是靠文化還是共同利益？

我想問題應該是在談你有沒有選擇的空間？組織要不斷地發展，有兩個選擇：一種是用層級組織，一種是用聯網組織。並不是說這個問題是在哪裏才會產生的，而是說，如果這兩種組織都會產生問題的時候，是用哪一種組織的方法，可以來有效地解決問題。

一個文化要變成集團成員一個共同的協定，本身就需要時間來醞釀；其次，一個人能夠影響的層面是非常有限的。因此，如果我們透過聯網的組織，真正要擴張的時候，它對於這些企業文化，是比較有效？還是比較無效？我想，應該從這個角度來看。我的感覺是透過聯網組織好好地運作，應該會比層級組織更有效；我不斷地強調，如果只是從生產的角度，從打仗的角度，任務很清楚了，就儘量用層級組織。

因為企業文化所涵蓋的層面實在是很廣泛，雖然可以訂出原則，但是對每一個小集團而言，可能由於業務的不同、人的不同、層次的不同，而對那個原則，有不同的詮釋；這個時候，要如何有效的運作？我相信還是聯網組織。聯網組織可以先管理一個個比較容易管理的組織，然後，再將這種已經有效的模式，利用網網之間的協定，有效地運作。

實質上，從宏碁集團的立場來看，即使這個集團都沒有協定，因而

讓每個公司都能夠獨立運作非常好的話，我還是認為這比一個大而無效的組織要好的多。也就是說，你有一百個公司，其中有七、八十個做得非常好，一、二十個不是那麼理想，但是，每一個都在替集團爭光；你是要選擇這樣？還是要一個很大的集團，但是卻沒有辦法有效地管理？從這個角度來看，聯網組織是我所選擇、建立的新模式。

其實，在宏碁集團內部，當然不見得各級主管都會完全遵行我們的企業文化，說不定比較缺乏信心的主管，就不太遵循「不留一手」的文化；我只能說，如果是人才的話，因為他比較能夠做主，所以在網路組織中比較不會被埋沒。當然，在民主法制下，我們也不能保證大家都不會違規；但是，宏碁對於違規的情形，除了前面所提看得見的企業識別體系（CIS）的使用以外，甚至於一些看不見的違規，例如企業倫理方面，我們還是會介入的。集團內部曾經有一些公司急的想上市，可能我們覺得有不盡理想的地方，就予以擱置。我們認為這也是一個很重要的協定，會影響到整個集團的形象。

Q4 聯網組織裡面，有沒有可能在某一個部份還是採用層級組織？聯網組織的資源、權責如何界定？

我們把它分成兩個層次來談：在一個公司的組織下面，還是層級式的，而且要盡量扁平化（Flat）與授權（Empowerment）。所以，在組織的一個點裏面，那些人本身就是層級式的；只是說，可能在一些內部的事業單位（Business Unit），或者有其他的單位，是變成聯網的。而聯網的一個特色就是網站（Web site）的運作模式，每一個點都一定是五臟俱全的小麻雀。

所以，我要特別強調：以前的「策略事業單位」（Strategy Business Unit；SBU）及「區域事業單位」（Regional Business Unit；RBU），是採用「主從架構」（Client-Server）的觀念，無法適用聯網的概念。因為，SBU、RBU 本身並不是一個完整的功能，沒有辦法用「端對端」（End-to-End）的方式管理；所以，後來我們才把它們整合，變成一個比較大的「全球事業單位」（Global Business Unit；GBU）。我們在海外的很多單位，也是屬於層級的架構，公司對公司還是層級式的組織；只是說，如果有所選擇的話，我會希望把一個很大的層級組織，看有沒有機會切成很多個，具備可以獨立存在、永續經營能力的網路組織。

至於資源、權責的界定，我想有幾個原則是大家共同要遵守的：就像親兄弟明算帳一樣，因為每一個公司都是獨立的個體，所以，在有形的資源方面，就是用一般公司對公司的交易模式；如果是無形的資源，有很多是分不清楚的，就盡量分享。當然，我們內部也有一些規範：以品牌的應用為例，每個公司都要貢獻少部份的盈餘到總部，由總部來統籌應用；但是，應用的結果，還是要分到每個公司。此外，我們還責成每家公司，都必須編列有為宏碁宣傳、塑造形象的預算；這方面，他們也要承擔一些責任的。

所以，我們可以說：比較無形的東西，是比較需要分享的；但是，無形的東西要分享，就需要訂一些協定，實質上，這也是最難的。不過，反過來，在知識經濟裏面，這些無形的東西，反而是最重要的；不管是管理的知識、文化、形象等等，都是對企業發展最關鍵的要素。比如說，宏碁成立標竿學院，總部規定所有的公司都要付錢給標竿學院；然後，由標竿學院負責，提供機會給各個公司做教育訓練。但是，還是讓各個公司有他們的自由度，錢繳了，不來上課也沒關係；雖然還是會有人監督、責成他，但是，這個制度本身不是很實的。其實，我們有很多的規定，都只抓住精神，但保留它的彈性。

至於權責（Responsibility），實質上，每家公司都是各自為政，委員會當然有任務要來制訂一些共同的協定。比如說，因為標竿學院是屬於宏碁基金會的，而宏碁基金會是由集團內部各個公司來捐錢給他，由他來做一些非營利的行為；也就是說，我們有一套方法，先把很多無形的東西，從實際執行生意的單位分離出來，並責成真正負責的單位，統一在管理，這樣才容易達到大量分享的效益。

Q5 在這麼複雜的時代，聯網組織真的能掌握、支配所有組織的細節？

環境的確是很複雜，這是一個背景，也是一個事實；問題是：你用什麼方法來解決這個問題？它可以是很複雜的，也可以是很簡單的概念。譬如說，你可以花很多精神，用很複雜的架構，針對這些很複雜的問題，來採取對的行動；但是，發展出來之後，可能沒有人看得懂，那怎麼運作？何況這個複雜度是多元、多變的。因此，聯網組織就是希望透過彼此間共同利益的基礎，有一些基本的、大家共同的協定，讓大家很容易地遵行；然後，再來面對這些複雜的狀況。

此外，我們和古時候的人，相較之下，難道沒有進步？所以，「一代不如一代」的說法，實在是一點都不通的，我們一代比一代強太多了。所以，現在每個人處理各種狀況的能力，也就是腦力（Brain Power），相對地已經提高了很多；在這種情況之下，我想在面對這些很複雜問題的時候，是所謂判斷或選擇的考量。我也不曉得是否還有更好的解答？當然，還有可能有各種不同的運作模式；不過，我不斷地在強調，我是覺得聯網組織也許比較符合台灣的天性與文化，也符合知識產業的需求，甚至也符合整個全球超分工整合的需求。所以，我就提出聯網組織這樣的一種運作模式，希望可以成為一種典範。

聯網組織裡，如果有很多點的時候，要如何有效管理？像渴望電腦這樣的產品，靠聯網組織做得出來嗎？

實際上，我的聯網組織示意圖，本身就是針對很多複雜的點，所提出來的觀念；也就是說，這麼複雜的點的狀況，如果用層級組織的話，就會變得很多層。當組織變成很多層的時候，上下溝通就會出現問題；甚至於下面實際發生了什麼狀況，上面可能還不曉得。而且，因為下面不能替公司做主，所以，組織就無法及時應變。這是點多自然會產生的現象，在傳統層級組織的架構下，是沒有解的。

反過來說，傳統的層級組織只有在任務單純、重複的小範圍裡，才比較有效。但是，未來的業務、市場是多元、多變的，相對以前，任何一個產業，都不是只靠一個東西，就可以做很久、做很大量；反而，愈來愈需要用點多的模式來面對這種大環境。因此，傳統的層級組織，一定是不符合未來多元、多變的環境所需。

相對的，我所提出的聯網組織，可能能夠比較有效地解決這個問題：因為聯網組織會先把它能夠管理的三、五個單位，變成一個網；然後，再制定一些協定。因為有些公司是做軟體的，有些公司是做半導體的，每一個事業可能會有一些不同的協定；但是，整個在大集團下面，又有一個更大、更高層次的協定。只要這些個別事業的協定，不違背大集團的協定，而比較細的協定，則又有自身的考量；這樣運作下來，應該是能夠解決點多的問題。

以渴望（Aspire）電腦來說，它是一個計畫，實際上是一個點在作業，是「全球事業單位」（Global Business Unit；GBU）要去管的。但是反過來，如果每一個點都是真正的獨立，可以永續地發展，而且在其專業的領域，都是取得世界絕對領先的地位；假如渴望電腦這個技術，是由這些我們創投的公司，大家透過有效的協定，成立虛擬夢幻團隊（Virtual Dream Team），所開發出來的領先的技術。如此一來，萬一宏碁內部的公司不生產，也可以交給別人生產；遇到銷售的問題，假使內部的能力不夠，也可以透過聯網組織來解決。也就是說，渴望電腦這個技術，不管是透過 OEM 模式，或者自己的品牌模式，我們可以形成一個新的、有效的，一個獨立而且可以永續發展的組織來運作。

過去宏碁採用的主從架構，結果效果不彰的原因是：因為「從」永遠是從「主」，永遠是以「主」為主，這裡面就產生了問題；雖然各單位各自獨立，但就是不完整了。所以，我曾經有一個定義叫做「所有的主也是別人的從，所有的從也有他主的工作」，這個是我以前在談主從架構；因為，真實的世界和電腦的世界不太一樣，所以，主從架構無法形成真正永續、獨立的經營模式。

現在的網際網路比較像人的組織情況：在聯網組織的架構裏面，各

種兼併的技能，到最後會透過網路，每經過一個時段的演進，就會形成一個個獨立、永續的單位，如此才能夠形成一個聯網；就像小孩子剛生出來，當然要依附在父母的照顧之下，如果是先天上有殘障的人，可能還是要有人照顧的情況之下，那就要調整。所以，現在最重要的就是說，在聯網組織裡面的每一個單位，它是一個獨立、自己可以不斷地追求，是能夠永續發展的模式；這種組織本身的好處是讓其中的成員沒有依賴心，因為要獨立，就不得不去競爭，不得不自己再精進發展，也造成危機意識，使得組織不至於老化。

Q7 聯網組織的協定是由委員會所制定的，他們會不會制訂出一些不適宜的協定？

A　委員會主要目的是找出大集團的共通點，以形成共同的協定。首先，我要強調的是，委員會的成員是有代表性的，這個代表性主要分成兩個：比如說，在主集團的委員會的代表性可能是由次集團最高的CEO（執行長）來形成；次集團的CEO，比如說，做網路服務的人，有很多都是由年輕的 CEO 所組成的。這些次集團的CEO可以自己形成一個小範圍的協定，但是要確定這個小範圍的協定與大集團的協定是沒有衝突的地方；不管他有沒有規劃到大集團的協定，只要是沒有衝突的，我想這個就是可行的。接下來，經過委員會的過程，形成大家都能夠接受的共識；除了必須符合多元、專精的能力外，在不斷地更新的狀態下，也可以產生適合組織、任務協定的發展模式。

Q8 聯網組織的新理論，如果用兩個公司的模式來比較，美國思科公司是透過購併小公司形成夢幻團隊，宏碁集團則是以生小碁、孵小碁的方式來形成聯網組織，何者較為有效？

我想，美國企業的文化和宏碁的文化是背道而馳的：美國企業的文化是美國主義，一切都要控制。宏碁則是相反的，我們用的是分散式管理，不想控制太細節的部分；因為細節的部分有可能紕漏一大堆，控制起來也很頭大，一切都要控制就是要為那些細節在自尋煩惱嘛。

因為客觀的環境不同，美國的本土市場很大，其實，思科（Cisco）只要佔有美國市場等於就足夠了，現在當然他甚至從美國再擴充到全世界，佔有很大的市場；為了要產生更大的力量，他就要不斷併購新的產品、新技術。思科能夠不斷從併購中成長的原因，主要有兩個：第一，他是一個大組織，只有一種文化，整個公司的協定也只有一種，就是強勢的文化；所以，當思科購併一家公司之後，一定派一組人進駐，把母公司強勢的文化，強行灌注到新的組織裡。其次，他有一套標準的資訊技術基礎架構（IT Infrastructure），他規定所有被購併的公司，資訊系統一定要遵循思科的標準系統，這是美國有效的運作模式。

宏碁的模式完全不同：我們不只有孵小碁，是孵了之後，還要讓他

獨立：這些小碁不管有沒有我們的血統，但我們希望他能愈長愈大，而且做得比母碁更好，這個是一個完全不同的想法。也就是說，因為這些小碁有新的生命，有新的時代，可能可以做的更好；所以，我們是逼著他往外移。我們還讓更大的集團在外面養碁，不論是透過創投，還是加盟會員（Club Member）的模式；讓這個集團從 Intranet（企業內部網路）變成 Extranet（企業之間網路），一直聯到 Internet（網際網路），甚至於與整個產業聯在一起，形成更大的聯網組織。

Q9 集團公司的CEO要如何透過共同協定，形成共同利益？個體如果違反共同利益，要用什麼機制導正？

我們的共同利益，現在比較大的有有形與無形兩個：一個是品牌，一個是營運單位所有的幹部，都是公司股票的主要擁有者。也就是說，公司營運真正最大的獲利，都在經營者手上；所以，他們就有足夠的動機，一定要把公司經營出最好的績效。

次集團公司的CEO，也會和其他公司的利益有關係；這不是只有業務的關係，而是透過個人對其他公司的股權的掌握，所以，他也希望看到次集團其他公司經營得很好。也就是說，整個集團各公司的經營績效，都和高階幹部的個人利益有關；實質上，這是透過個人相互投資，所形成共同利益的關係。

第二個當然是集團的品牌，它是屬於無形的共同利益。因為，今天共用這個品牌，總是比較方便；當有新的公司出來的時候，也可以借重這個老牌；不管從銀行關係、從國際業務的關係、找人才的關係都有好處。此外，我們的協定也規範各公司在對外的時候，總是要符合品牌定位的形象，並且還要在各方面儘量地努力，來加強品牌形象；也就是說，各公司不只是要享受共同無形的好處，也要回饋、貢獻一些無形的好處給品牌，這樣的協定就自然形成了。

Q10 聯網組織是透過網際網路溝通，集團文化是否因此蕩然無存？

首先，我要澄清的是，聯網組織並不是透過網際網路來溝通，所形成的組織；其實，聯網組織只是利用網際網路的科技，做為知識分享、合作等等的工具或資訊技術的基礎架構（IT Infrastructure）。但是，聯網組織是要透過長期的運作，不會很快就形成，而是像家族一樣，一代傳一代，慢慢地擴散出來的；不是一下子硬將十家、二十家彼此不認識的公司，聯在一起變成聯網組織。

聯網組織是要先有一個家族的核心，像宏碁集團原來有的宏科、宏電；然後，一直不斷地分出（spin off）小碁，慢慢地向外拓展。這樣一來，他們就可以將原來的企業文化，慢慢帶出去；很明顯地，整體的經營績效也是會比較好了。因為資源的分享是透過很多人際的關係，還有文化的相似性；原則上，這些獨立的小碁，會利用整個聯網的協定，所以他們對資源的分享是比較有效的。我們當然也有一些在外面自己長出來的公司，在這種狀況下，原公司融入的文化就比較少；相對地，他們的經營績效也就比較不理想。所以，集團的文化，也就是協定，是扮演整個集團有效運作的重要因素。

Q11

現在的網路時代很像中國古代的春秋、戰國時期，有王道、霸道之分：只要是採用王道，就會產生近悅遠來的效果。現在有大大小小的網路公司，企業文化比較好的公司就可以吸引更多的人才，創造更大的利益，這種說法是否能夠成立？

我認為在網際網路的時代裡面，網路協定就是王道；協定做不好，就好比雖然有王道，但是力量卻發揮不出來，或者會相互抵消。例如，中國在春秋、戰國時期，雖然強調王道，但是有王道護持的周天子，力量卻是最弱的。所以，我們未來的挑戰是如何在既堅守王道的立場下，又要有很強的實力。反過來說，美國企業絕對是採用霸道的手段，但是，因為他們的實力很強，所以也能吸引很多的人才；其實，美國企業採霸道，有其道理，因為國內市場就是那麼大，但也不免因此而起起伏伏。

如果單從知識創造的角度來看，春秋、戰國時期是中國歷史上，知識創造的黃金時期；說不定，二十一世紀的知識經濟，就是類似春秋、戰國百花齊放的知識社會。雖然，在過去，知識賺不了什麼錢，但是，在未來，知識也許就是等於經濟。由於知識經濟具備多元、多變的特質，很難採用中央集權的方式管理；所以，如果要透過知識經濟來富國、強國，王道也許是最可行的辦法。也許有一天，美國企業也會發現網路組織可以採用王道，到時候，他們也許會因而改變作風的。

領導者的眼界 **3**

IO：超分工整合
一個版本0.5的測試
施振榮／著・蔡志忠／繪

責任編輯：韓秀玫　　封面及版面設計：張士勇
法律顧問：全理律師事務所董安丹律師
出版者：大塊文化出版股份有限公司
台北市105南京東路四段25號11樓
讀者服務專線：080-006689
TEL：(02) 87123898　　FAX：(02) 87123897
郵撥帳號：18955675　　戶名：大塊文化出版股份有限公司
e-mail:locus@locus.com.tw
www.locuspublishing.com
行政院新聞局局版北市業字第706號
版權所有　翻印必究

總經銷：北城圖書有限公司
地址：台北縣三重市大智路139號
TEL：(02) 29818089 (代表號)　　FAX：(02) 29883028　9813049
初版一刷：2000年9月　　初版 3 刷：2015 年 8月
定價：新台幣120元
ISBN957-0316-26-8　　　Printed in Taiwan

國家圖書館出版品預行編目資料

io:超分工整合：一個版本0.5的測試／施振
榮著；蔡志忠繪.—初版.—— 臺北市：大
塊文化，2000[民 89]
　　面；　公分. —— (領導者的眼界；3)
　　ISBN 957-0316-26-8 (平裝)
　1. 企業管理　1. 知識經濟

494　　　　　　　　89012731

大塊文化出版股份有限公司　收

地址：＿＿＿＿市／縣＿＿＿＿鄉／鎮／市／區＿＿＿＿＿路／街＿＿＿＿段＿＿＿巷
弄＿＿＿＿號＿＿＿＿樓
姓名：

大塊
LOCUS
文化

編號：領導者的眼界03　　書名：IO超分工整合

讀者回函卡

謝謝您購買這本書，為了加強對您的服務，請您詳細填寫本卡各欄，寄回大塊出版 (免附回郵) 即可不定期收到本公司最新的出版資訊，並享受我們提供的各種優待。

姓名：　　　　　　　　　身分證字號：

住址：＿＿＿＿＿＿＿＿＿＿＿＿＿＿＿＿＿＿＿＿＿＿＿＿＿＿

聯絡電話：(O)＿＿＿＿＿＿＿＿＿＿　(H)＿＿＿＿＿＿＿＿＿＿

出生日期：＿＿＿＿年＿＿＿月＿＿＿日　E-Mail：＿＿＿＿＿＿＿＿＿＿

學歷：1.□高中及高中以下　2.□專科與大學　3.□研究所以上

職業：1.□學生　2.□資訊業　3.□工　4.□商　5.□服務業　6.□軍警公教
7.□自由業及專業　8.□其他＿＿＿＿＿

從何處得知本書：1.□逛書店　2.□報紙廣告　3.□雜誌廣告　4.□新聞報導
5.□親友介紹　6.□公車廣告　7.□廣播節目8.□書訊　9.□廣告信函
10.□其他＿＿＿＿＿＿

您購買過我們那些系列的書：
1.□Touch系列　2.□Mark系列　3.□Smile系列　4.□catch系列　5.□天才班系列
5.□領導者的眼界系列

閱讀嗜好：
1.□財經　2.□企管　3.□心理　4.□勵志　5.□社會人文　6.□自然科學
7.□傳記　8.□音樂藝術　9.□文學　10.□保健　11.□漫畫　12.□其他＿＿＿＿＿

對我們的建議：＿＿＿＿＿＿＿＿＿＿＿＿＿＿＿＿＿＿＿＿＿＿＿
＿＿＿＿＿＿＿＿＿＿＿＿＿＿＿＿＿＿＿＿＿＿＿＿＿＿＿＿＿

LOCUS

LOCUS

LOCUS

LOCUS